高职高专艺术设计专业规划教材·印刷

POSTPRESS
PRODUCTION TRAINING
OF DIGITAL PRINTING

数码印刷印后
制作实训

靳鹤琳　　王威　等编著

U0264182

中国建筑工业出版社

图书在版编目（CIP）数据

数码印刷印后制作实训 /靳鹤琳，王威等编著. —北京：中国建筑工业出版社，2014.12

高职高专艺术设计专业规划教材·印刷

ISBN 978-7-112-17505-5

Ⅰ.①数⋯　Ⅱ.①靳⋯②王⋯　Ⅲ.①数字印刷–高等职业教育–教材　Ⅳ.①TS805.4

中国版本图书馆CIP数据核字（2014）第278752号

　　本书针对数码印刷印后制作的实际操作流程，对数码印刷后期制作的覆膜、裁切、装订等工序进行系统讲解。教材中使用大量真实项目案例并配有视频光盘，使学习者可以真实、直观地进行学习。本书是一本适用于高职高专印刷专业学生实训教学和数码印刷行业企业员工技能培训的教材。

责任编辑：李东禧　唐　旭　陈仁杰　吴　绫
责任校对：李欣慰　党　蕾

高职高专艺术设计专业规划教材·印刷
数码印刷印后制作实训
靳鹤琳　王威　等编著
＊
中国建筑工业出版社出版、发行（北京西郊百万庄）
各地新华书店、建筑书店经销
北京嘉泰利德公司制版
北京缤索印刷有限公司印刷
＊
开本：787×1092毫米　1/16　印张：6　字数：129千字
2015年1月第一版　2015年1月第一次印刷
定价：**46.00**元（含光盘）
ISBN 978-7-112-17505-5
　　　　（26728）

"高职高专艺术设计专业规划教材·印刷"
编委会

总 主 编：魏长增

副总主编：张玉忠

编　　委：(按姓氏笔画排序)

万正刚　王　威　王丽娟　牛　津　白利波

兰　岚　石玉涛　孙文顺　刘俊亮　李　晨

李成龙　李晓娟　吴振兴　金洪勇　孟　婕

易艳明　高　杰　谌　骏　靳鹤琳　雷　沪

解　润　魏　真

序

2013 年国家启动部分高校转型为应用型大学的工作，2014 年教育部在工作要点中明确要求研究制订指导意见，启动实施国家和省级试点。部分高校向应用型大学转型发展已成为当前和今后一段时期教育领域综合改革、推进教育体系现代化的重要任务。作为应用型教育最基层的众多高职、高专院校也会受此次转型的影响，将会迎来一段既充满机遇又充满挑战的全新发展时期。

面对众多研究型高校转型为应用型大学，高职、高专作为职业技术的代表院校为了能够更好地迎接挑战，必须努力提高自身的教学水平，特别要继续巩固和加强对学生操作技能的培养特色。但是，当前职业技术院校艺术设计教学中教材建设滞后、数量不足、种类不多、质量不高的问题逐渐显露出来。很多职业院校艺术类教材只是对本科教材的简化，而且均以理论为主，几乎没有相关案例教学的内容。这是一个很大的问题，与当前学科发展和宏观教育发展方向是有出入的。因此，编写一套能够符合时代发展需要，真正体现高职、高专艺术设计教学重动手能力培养、重技能训练，同时兼顾理论教学，深入浅出、方便实用的系列教材就成为了当务之急。

本套教材的编写对于加快国内职业技术院校艺术类专业教材建设、提升各院校的教学水平有着重要的意义。一套高水平的高职、高专艺术类教材编写应该有别于普通本科院校教材。编写过程中应该重点突出实践部分，要有针对性，在实践中学习理论，避免过多的理论知识讲授。本套教材邀请了众多教学水平突出、实践经验丰富、专业实力雄厚的高职、高专从事艺术设计教学的一线教师参加编写。同时，还吸纳很多企业一线工作人员参加编写，这对增加教材的实用性和实效性将大有裨益。

本套教材在编写过程中力求将最新的观念和信息与传统知识相结合，增加全新案例的分析和经典案例的点评，从新时代的角度探讨了艺术设计及相关的概念、方法与理论。考虑到教学的实际需要，本套教材在知识结构的编排上力求做到循序渐进、由浅入深，通过大量的实际案例分析，使内容更加生动、易懂，具有深入浅出的特点。希望本套教材能够为相关专业的教师和学生提供帮助，同时也为从事此专业的从业人员提供一套较好的参考资料。

目前，国内高职、高专艺术类教材建设还处于起步阶段，还有大量的问题需要深入研究和探讨。由于时间紧迫和自身水平的限制，本套教材难免存在一些问题，希望广大同行和学生能够予以指正。

总主编　魏长增
2014 年 8 月

前　言

随着社会经济的飞速发展，行业分类逐渐细化，在市场竞争中，企业和个人对于展示自身优势的愿望更加强烈，传统印刷形式已经不能完全满足人们对印刷品快速、个性、经济的新需求，数码印刷则应运而生。

数码快印，又称短版印刷或数字印刷，它与输出过程复杂、以印数决定印刷成本的传统印刷的不同之处在于数码快印可以兼顾灵活性、经济性、个性化等特点。它解决了原先难以解决的短版市场问题，开辟了一对一的个性化印刷、可变数据印刷等许多传统印刷实现不了的新的商业领域，可以说"传统印刷等于生产，数码印刷等于服务"，两者彼此配合，互为补充。

本套教材包括《数码印刷印前制作实训》、《数码印刷印后制作实训》两本。本书针对数码印刷印后制作的标准流程进行了完整的阐述。结合理论知识，运用真实项目，从实际操作入手，讲解精细，步骤简明，力求使读者在使用本书后，能够快速地掌握数码印刷印后制作的相关知识和操作技能。

在编写过程中，每位编写人员都发挥了重要的作用，付出了辛苦的努力，对于书中的每个知识点都进行了深入的推敲，并反复进行了修改与校对。在此感谢"中德—北方数码人才培训中心"对于本书编写框架制定工作的大力支持和帮助。

同时，感谢北京中彩佳印图文设计有限公司（中彩图文快印）和天津赛可优商贸有限公司华苑分公司（赛可优数码快印）在本书编写过程中，提供了大量的操作流程视频与照片素材。

本书由靳鹤琳、王威、牛津、李晨、高杰编著。其中靳鹤琳编写21000字，王威编写45000字，牛津编写21000字，李晨编写21000字，高杰编写21000字。

目 录

概　述

　　"印后制作"是指将印刷完毕的承印物制作加工成符合需要的式样和使用性能的产品。一般分为：书册装订、印刷品表面整饰。

　　1. 书册装订

　　装订是指将印好的页面加工成册，或把图纸、单据等折叠、整理配套后订成册本的印后工艺，一般包括折页、订本、包封和裁切等过程。

　　完成书册的装订工艺，首先要了解书册的主要组成部分，这里我们以精装书册为例进行展示。书册的基本组成部分包括：封面、护封、腰封、书前封、书后封、书脊、勒口、订口、切口、飘口、书芯（书芯主要包括：环衬页、扉页、版权页、序言页、目录页、正文页、参考文献页、索引页等）、书签丝带、书盒等，如图 0-1 所示。

　　1）封面：可称为书籍的外貌。狭义解释的封面指书籍的首页正面，广义解释的封面指书籍外面的整个书皮，即前封、后封、书脊等。

　　2）护封：是精装书书壳的外皮，除有保护书壳的功能之外，更重要的是传递书的信息，也起到装饰作用和宣传效果。

　　3）腰封：也叫环封，是包绕在护封的下部，高约 5cm，主要是补充内容介绍，还有促销和装饰功能。

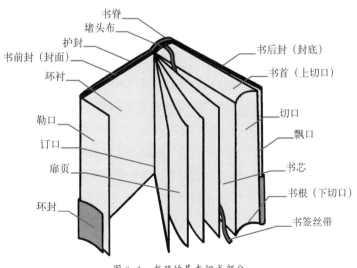

图 0-1　书册的基本组成部分

4）书前封（封面）：指书册的首页正面。大多数平装书的前封上印有书名、著作者名和出版机构名称。

5）书后封（封底）：指书册的尾页背面。上通常放置系列丛书书名、书籍价格、条形码及有关插图等。

6）书脊：就是书的脊背，它连接书的前封和后封，通常书脊上部放置书名，字较大，下部分放置出版社名，字较小。如果是丛书，还要印上丛书名，多卷成套的要印上卷次。

7）勒口：比较考究的平装书，一般会在前封和后封的外切口处，留有一定尺寸的封面纸向里转折，前封翻口处称为前勒口，后封翻口处称为后勒口。勒口的宽度视书籍内容需要和纸张规格条件而定。勒口上通常可放置作者简介、书籍内容提要等文字内容和相关图片。

8）订口、切口：书籍被装订的一边称订口，另外三边称切口。书册的上切口也叫"书首"，书册的下切口也叫"书根"。不带勒口的封面要注意三边切口应各留出 3mm 的出血边供印刷装订后裁切光边用。

9）飘口：精装书前封和后封的上切口、下切口及外切口都要大出书芯 3mm 左右，大出的部分就叫飘口。

10）环衬页：在封面与书芯之间，有一张对折双连页纸，一面贴牢书芯的订口，一面贴牢封面的背后，这张纸称之为环衬页，也叫做蝴蝶页。我们把在书芯前的环衬页叫前环衬，书芯后的环衬页叫后环衬。环衬页把书芯和封面连接起来，使书籍具备较大的牢固性，也具有保护书籍的功能。

11）扉页：扉页是在封面、环衬的后面一页，是书籍内部设计的入口，也是对封面内容的补充，它包括书名、副标题、著译者名称、出版机构名称等。扉页应当与封面的风格取得一致，但又要有所区别，不宜繁琐，避免与封面产生重叠的感觉。

12）版权页：版权页大都设在扉页的后面，也有一些书设在书末最后一页。版权页上的文字内容一般包括书名、丛书名、编者、著者、译者、出版者、印刷者、版次、印次、开本、出版时间、印数、字数、国家统一书号、图书在版编目（CIP）数据等，是国家出版主管部门检查出版计划情况的统计资料，具有版权法律意义。版权页的版式没有定式，大多数图书版权页的字号小于正文字号，版面设计简洁。

13）目录页：又叫目次，是全书内容的纲领，它摘录全书各章节标题，表示全书结构层次，以方便读者检索的页面。目录中标题层次较多时，可用不同字体、字号、色彩及逐级缩格的方法来加以区别，设计要条理分明。目录页通常放在正文的前一页。

14）序言、前言、后语页：序言页是指著者或他人为阐明撰写该书的意义，附在正文之前的短文页；而前言页是指著者为阐明撰写该书的意义，附在正文之前的短文页。也有附在正文的后面称之为后语页或后记、跋、编后语等，不论什么名称，其作用都是向读者交代出书的意图，编著的经过，强调重要的观点或感谢参与工作的人等。

15）参考文献页、索引页：参考文献页是标出与正文有关的文章、书目、文件并加以注明的专页，通常放在正文之后。其字号比正文文字小。

16）书盒：也叫书匣，用来放置比较精致的书籍，大多数用于丛书或多卷集书，它的主

图 0-2 开口书盒

图 0-3 掀盖式书盒

图 0-4 天地盒式书盒

要功能是保护书籍,便于携带、馈赠和收藏。现代精装书的书盒有三种形式,一种是开口式书盒,用纸板五面订合,一面开口,当书籍装入时正好露出书脊,有的在开口处挖出半圆形缺口,以便于手指伸入取书,这种形式也称为函套,如图 0-2 所示;第二种是掀盖式书盒,盒盖的一边可以与盒底相连,以掀开的方式可打开书盒,如图 0-3 所示;第三种是天地盒式书盒,这种书盒的盒盖比盒底大,使用时盒底装书,盒盖扣在盒底上,如图 0-4 所示。书盒通常用普通板纸制作,用其他材料作裱糊装饰,也有用木板做书盒,在上面雕刻文字和图形。

2. 印刷品表面整饰

印刷品表面整饰通常包含上光、上蜡、覆膜、复合包装材料、凹凸压印、烫箔等常见工艺。

1)上光(UV):是在印品表面涂布无色透明涂料,起到保护印品表面,提高纸张耐性,增加印品光泽的作用。这种工艺的使用范围是纸质印品。

2)上蜡:是在印品表面涂布石蜡。起到防潮防霉、隔水耐油的作用。这种工艺的使用范围多用于食品包装纸、纸容器等。

3)覆膜:是把透明塑料薄膜热压或者冷压贴覆到印品表面。起到保护印品表面,增强纸张耐性,增加印品光泽的作用。这种工艺的使用范围是书刊和手册封面、卡片、胶版纸、铜版纸、白板纸、布纹纸等。

4)复合包装材料:是把纸张、薄膜或金属箔等两种或两种以上的基材复合在一起,起到避免商品污染,增加印迹色泽和牢度的作用。这种工艺的使用范围是食品包装、医药包装等。

5)凹凸压印:是指用凹凸两块印版在印品上压印得到浮雕图像,起到使印品层次分明,增强印品立体感的作用。这种工艺的使用范围是书刊封面装帧、商标、包装装潢、明信片等。

6）烫箔：是通过压力和温度把金属箔或颜料箔转印到印品表面。起到美化装饰印品表面的作用。这种工艺的使用范围是精装书封面、包装装潢、建筑装潢（用于纸、皮革、丝绸、塑料）等。

在印刷中纸张是书稿的关键载体，纸张的选择会直接影响图书的品质和阅读感受。什么样的图书选用什么样的纸张，会有一些习惯，所以要注意观察和体验，总结一些规律，随时可用。例如：文学类图书，我们习惯用轻型纸，这是考虑到它的方便携带与阅读；图片资料书，我们习惯用铜版纸或纯质纸，这是考虑到图片色彩的还原质感和保存性等。另外对于图书封面以及外包装的纸材选用上，更是可选择性很广。我不赞成对所有种类纸材的性能进行全面的了解，那样是很机械的，从环保和节约的角度讲，熟悉几款常用的纸材即可。如果遇到特殊而又有挑战性的设计项目时，再进行独创性的探索，也不失是一种新的艺术体验。

印后制作是一个相对复杂的工艺过程，任何一个单册的图书都很难详尽说明，限于篇幅所限，不再一一列举。最后要特别注意的是，作为数码快印行业的工艺人员，要善于学习和开发，将数码快印的个性化优势充分表现出来。

项目一 印刷品的裁切、压痕与覆膜的制作实训

项目任务

通过实训使学生能够快速、准确地掌握正确使用裁刀机、压痕机和覆膜机的方法，并且知道在什么情况下需要用到裁切、压痕和覆膜，制作出符合要求的印刷成品。

使用设备：覆膜机、手动压痕机、机器压痕机、尺子、裁纸刀、裁刀机。

重点与难点

1）理解印刷过程中为什么会有裁切、压痕和覆膜的过程；

2）如何准确使用这三种机器，用手动和机器并行来制作各种印刷品。

建议学时

8 学时。

1.1　判定文件是否符合印后加工形式的要求

1）手动裁切时，文件不宜过多；

2）没有出血的不宜制作。

1.2　裁切

1.2.1　手动裁切

经过判定后，将制作好出血的文件准备好，用钢尺对齐文件上出血线的位置，用刀沿尺子形成的直线将边缘裁掉，如图 1-1、图 1-2 所示。如裁切文件仍有白边，则继续裁切，直到消除白边为止。

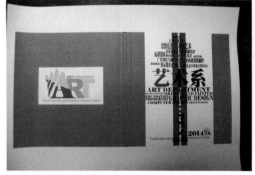
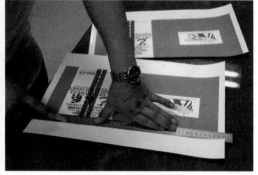

图 1-1　具有出血线的未裁切页面　　　　图 1-2　沿页面出血线手动裁切

1.2.2　机器裁切

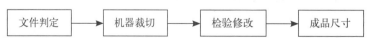

　　机器裁切主要使用的是自动切纸机。首先，将要裁切的有一定厚度的文件准备好，然后打开切纸机的电源，自动切纸机在开机后要复位自检才能正常工作。根据工单规定裁切尺寸，在需要裁切的产品上下垫废品以保护产品的整洁，然后把文件整理齐放进机器，放下压纸器压实裁切物，观察裁切位置，位置无误则下刀裁切，如图1-3、图1-4、图1-5、图1-6所示。

图1-3　待裁切文件上下垫纸　　　　　　　　　　图1-4　放下压纸器

图1-5　裁切印品　　　　　　　　　　图1-6　翻转印品裁切其他页边

　　裁切后检查文件，如裁切文件仍有白边，则继续裁切，直到消除白边为止，如图1-7、图1-8所示。

图1-7　检查页面是否存在白边　　　　　　　　　　图1-8　完成裁切的印品

1.3　压痕

1.3.1　手动压痕

以一个封面为例，将一张覆完膜的封面准备好，放置在手动压痕机上，用尺子测量一下内页装订的厚度，然后计算出书脊的宽度。将书脊垂直中心线对齐在机器的正中央，按照机器上左右两边的刻度尺测量出两条书脊线，用机器在上面进行手动压痕，用机器上的手柄用力下压即可，如图1-9所示。封面上的两道掀书痕同样如此制作，如图1-10所示。

图1-9　使用手动压痕机　　　　　　　　图1-10　完成手动压痕效果

1.3.2　电动压痕

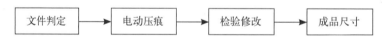

提前准备好一张需要压痕的纸张，注意在机器上调好需要压痕的尺寸，将其放置在机器压痕机上，纸张自动被机器吸入，自动压痕在纸张的中心线上，如图1-11、图1-12所示。

图1-11　使用电动压痕机　　　　　　　　图1-12　完成电动压痕效果

1.4　覆膜

1.4.1　冷裱覆膜

将要粘贴的膜与文件对齐放入冷裱覆膜机的滚筒内，在滚筒一侧将覆膜纸掀起，并揭下150mm 左右的黏膜纸，把黄色背膜纸反向折叠，然后用滚筒反向旋转碾压，将揭下的黏膜部分与纸张接触，这样文件覆膜完成，如图 1-13、图 1-14、图 1-15、图 1-16 所示。

图 1-13　文件与膜对齐

图 1-14　揭开贴膜的一边

图 1-15　滚动橡皮滚筒

图 1-16　将揭开的膜与文件粘合

然后，将粘合的部分压在滚筒下，将覆膜纸掀起放在滚筒上，把刚才折好的黄色背膜纸缓慢揭下，并同时转动滚筒，直到页面完全覆膜，如图 1-17、图 1-18、图 1-19、图 1-20 所示。

图 1-17　将粘合部分压在滚筒下方

图 1-18　揭下黄色背膜纸

图 1-19　滚动滚筒覆膜

图 1-20　完成覆膜

1.4.2　热裱覆膜

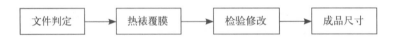

由于封面部分长期裸露在外，容易出现磨损，所以需要为封面进行覆膜处理。覆膜工序使用热压覆膜机完成，先开机预热，由于覆膜是双面的，为了防止正反两面的保护膜在工作中粘连在一起，所以在覆膜时，我们要注意将纸张头尾相连的放入覆膜滚筒中，印刷品通过覆膜滚筒完成热裱覆膜的操作。如图 1-21、图 1-22、图 1-23 所示。

图 1-21　将纸张放于上、下膜之间

图 1-22　打开滚筒按钮

图1-23　将印品首尾相接放入滚筒

项目小结

通过使用各种工具的讲解，我们了解印刷品的裁切、压痕和覆膜的制作方法，要通过反复练习来熟练掌握各种工具的使用，并通过经验的积累，更多地了解到各种文件的制作规律。

还应注意以下几点：

1）尺寸准确（±1～±1.5mm），偏斜（±1mm）。四角应为垂直90°；

2）裁切产品不能留有压痕；

3）无刀花，产品最下一张不能有撕裂的痕迹；

4）刀口不能有残脏物；

5）不允许裁到文件内容，特别是文字或标题；

6）不能裁倒头；

7）刀片不锋利时要及时更换，刀条调整到适中不能过深；

8）操作台洁净。

课后练习

反复用废旧文件来练习机器裁刀机、手动和机器压痕机及冷裱覆膜机与热裱覆膜机的使用方法。

项目二 "骑马钉"书册装订实训

项目任务

"骑马钉"书册装订实训项目，需完成以下任务：

1）判定印品能否制作此装订形式；

2）封面覆膜；

3）页面压痕；

4）页面打钉；

5）裁切出血；

6）成品检验。

通过实训使学生能够快速、准确地判断印刷品能否使用"骑马钉"的装订形式，并可以按照行业标准完成"骑马钉"装订的整个操作流程，制作出符合要求的"骑马钉"装订成品。

使用设备：覆膜机、压痕机（手动／自动）、"骑马钉"装订机、裁纸刀。

重点与难点

1）准确判定印品符合哪种装订形式；

2）正确操作覆膜机，不可出现覆膜不全和上下膜粘连的情况；

3）正确操作压痕机（手动／自动），压痕位置准确；

4）正确使用"骑马钉"装订机，打钉位置要正，批量生产时打钉位置偏差小于 1mm；

5）正确使用裁刀，裁切尺寸准确，不露白边；

6）注意安全保护，避免违规操作。

建议学时

8 学时。

2.1　判定文件是否符合装订形式的要求

1）使用"骑马钉"装订的书册，PAGE 数应为 4 的倍数，否则会出现白页，所以页数不能被 4 整除的文件不宜使用"骑马钉"形式装订。

2）绝大部分数码印刷机的输出纸张尺寸为 A3（420mm×297mm）、A3+（450mm×320mm）、A3++（488mm×320mm），由于数码印刷机会四周自动留白边，印刷幅面的有效打印范围则是 A3（410mm×290mm）、A3+（440mm×310mm）、A3++（480mm×310mm），所以文件连版部分如果大于 A3 幅面就不能制作。

3）"骑马钉"装订的书册书脊厚度应小于 5mm，大于 5mm 书页会出现明显错位，所以不宜制作。

4）文件内容是否符合双面印刷要求，不符合的不宜制作。

5）文件内容是否离印刷品前口过近，过于靠近的不宜制作。

6）文件是否制作出血，没有出血的不宜制作。

2.2 "骑马钉"书册装订制作

文件判定 → 封面覆膜 → 页面压痕 → 打钉 → 裁切出血 → 成品检验

2.2.1 封面覆膜

经过判定后，将符合要求的文件数码印刷，并对印刷后的"半成品"进行"骑马钉"装订步骤的操作。

首先，由于"骑马钉"书册的书籍位置没有宽度，只是一条折线，多次翻页后容易折断；而且封面部分长期裸露在外，容易出现磨损，所以需要为封面进行覆膜处理。覆膜工序使用热压覆膜机完成，由于覆膜是双面的，为了防止正反两面的保护膜在工作中粘连在一起，所以在覆膜时，我们要注意将纸张头尾相连地放入覆膜滚筒中，如图 2-1 所示。

图 2-1 封面覆膜

覆膜完成后，我们沿着页面的边缘将连接的保护膜裁开，注意不要划伤印刷品，如图 2-2 所示。将裁好膜后的印刷品按页面顺序整理好，如图 2-3 所示。

图 2-2 裁开覆膜

图 2-3 按顺序排齐页面

2.2.2 页面压痕

"骑马钉"印刷品是由左右两张页面相连组成的，连页的中间需要进行折叠，形成书册的式样，70～80g 的纸张，可以使用徒手折叠的方式，超过 157g 以上的纸张就不宜使用徒手的办法了，为了确保折痕的位置整齐光滑，应该使用压痕机来完成。压痕机分为手动压痕机和自动压痕机两种。

手动压痕要将页面中间的"折线"标记对准手动压痕机的压痕钢条，然后压下手柄，完成压痕操作，如图 2-4 所示。

图 2-4　手动压痕

自动压痕需要使用自动压痕机进行压痕，如图 2-5 所示。由于自动压痕机是使用参数进行操作的，在压痕之前要准确测量页边与"折线"标记之间的距离，然后将参数设置在自动压痕机上，如图 2-6 所示。

图 2-5　自动压痕机　　　　　　　　图 2-6　测量页边与折线标记间的距离

在正式自动压痕之前，先使用"测试纸"进行压痕，避免直接使用正品压痕出现错误，造成损失。测试纸的幅面大小和页面内容尺寸和正品要保持一致，如图 2-7 所示。使用"测试纸"压痕无误后，就可以为正品压痕了，如图 2-8 所示。

所有页面完成压痕操作后，将页面一一折叠好，并按先后顺序排列正确，如图 2-9 所示。

图 2-7　测试纸

图 2-8　自动压痕

图 2-9　折痕排序

2.2.3　页面打钉

　　"骑马钉"书册的装订，要使用"骑马钉"装订机进行打钉操作，如图 2-10 所示。

　　打钉时，将书册翻到中间的页面，封面封底向上，扣在装订机的托盘上，将书脊对准出钉口。打钉的位置一般是在书籍的 1/3 处和 2/3 处，各打一个，如图 2-11 所示。

图2-10　"骑马钉"装订机　　　　　　　　图2-11　书册打钉

2.2.4　裁切出血

书册装订好之后，要对除书脊之外的其他三个边的出血量进行裁切，如图2-12、图2-13所示。同时，由于纸张厚度的关系，在折叠之后，夹在中间的页面会被略微挤出封面的边缘，纸张越厚，页面越多，被挤出的边就越大，这也是为什么"骑马钉"书册的纸张不宜过多的原因。

图2-12　裁切（a）　　　　　　　　　　图2-13　裁切（b）

裁切后检查书册内页，有些页面的出血会出现没有裁好露出白边的情况，这是因为中间的页面在折叠时被挤出来，所以出血有错位的情况，如图2-14所示。出现这种情况，就需要再裁切一次，达到预期的效果，如图2-15所示。

图2-14　内页中有白边　　　　　　　　　图2-15　再次裁切去掉白边

2.3 成品检验

完成裁切操作后,就得到了"骑马钉"书册的成品,如图 2-16。

图 2-16 "骑马钉"成品书册

得到成品后,首先要检查"骑马钉"打钉的位置,要正好在书脊上,不能偏离,如图 2-17 所示。如果制作的是整批产品,铁钉位置要统一,误差应小于 1mm。其次,要检查对折的内页对页要正,尤其是内容中跨页的情况,更要注意,以免影响阅读效果,如图 2-18 所示。

图 2-17 检查打钉位置

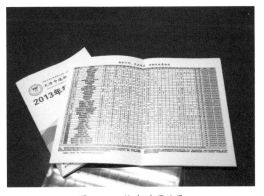

图 2-18 检查对页效果

项目小结

制作"骑马钉"书册装订前应先判定印稿是否符合"骑马钉"的装订要求。封面覆膜时注意纸张应首尾相连进行覆膜，防止前后膜相互粘连。压痕时注意对正折线标记，不要使折痕歪斜。打钉时，注意要正好打在书脊上，上下两个钉子的位置与上下页边距离相同。裁切出血时，注意不要留白边。出现跨页内容的页面，左右页面要对正。

还应注意以下几点：

1）文件页数不是 4 的倍数，建议使用其他装订形式，或者添加页数至可被 4 整除；

2）文件连版部分超出 A3 幅面，需将超出部分缩小至 A3 幅面内；

3）书册厚度大于 5mm，不能使用"骑马钉"装订形式；

4）如果文件内容离印刷品前口过近，应将文件内容调整至距印品前口不小于 1cm 处；

5）制作文件时没有制作出血，将需出血的部分制作出血。

课后练习

使用"骑马钉"形式装订一册 A4 幅面，8 页的书册。

项目三 "铁环装"书册装订实训

项目任务

完成 A4 大小的"铁环装"书册装订实训，掌握裁纸刀、打孔机等机器应用，牢记"铁环装"的使用情况及装订中应注意事项。

通过实训使学生能够快速、准确地判断印刷品能否使用"铁环装"的装订形式，并可以按照行业标准完成"铁环装"装订的整个操作流程，制作出符合要求的"铁环装"装订成品。

使用设备：打孔机、裁纸刀。

重点与难点

注意原始文件中是否有连图，距离装订口 10mm 是否有重要内容，特别注意打孔的时候应使开孔距离上下两边的尺寸一致。

建议学时

8 学时。

3.1　判定文件是否符合装订形式的要求

1）书脊厚度超过 12mm 的不宜制作；

2）书脊厚度低于 5mm 的不宜制作；

3）距离装订口边缘 10mm 内有重要内容的不宜制作；

4）表现连图的不宜制作；

5）内页用纸克重低于 70g 的不宜制作；

6）没有出血的不宜制作。

3.2　"铁环装"书册装订制作

3.2.1　裁切出血

首先，将文件进行数码印刷。一般情况下客户都是制作 A3 或 A4 的"铁环装"书册，而数码印刷都是将文件制作成 A3 尺寸的"半成品"，所以要根据客户对尺寸的要求进行裁切。如果需要 A3 尺寸的成品则只裁切出血；如果需要 A4 尺寸的成品则需要先测量 A3 尺寸的"半成品"，以便将两个拼为一份 A3 印刷品的 A4 印刷品能准确地被断开，如图 3-1 所示。

将两个 A4 尺寸的文件断开后，裁切文件出血，裁切过程中请注意文件页码顺序，不要将两本文件搞混，裁切完成后按页面顺序分批摆放，如图 3-2 所示。

图 3-1 测量 A4 文件

图 3-2 裁切出血并排序

3.2.2 选择胶片

"铁环装"印刷品需要用胶片作为成品封面和封底的保护层,胶片分为亮片和亚片两种,亮片通透性好,使文件具有直观性;亚片有磨砂效果,使文件具有朦胧美。本例文件采用的是亮片,如图 3-3 所示。

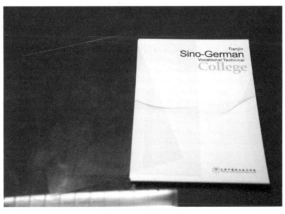

图 3-3 选择胶片

3.2.3 页面打孔

"铁环装"书册的装订，要使用打孔机进行打孔操作，如图3-4所示。

图 3-4   打孔机

打孔前，应先使用测试纸进行试打孔，以保证打出的孔居中分布在页面左侧，即最外端的两个孔距离页面最上和最下的距离相等。

测试完成后即可进行正式打孔，需要注意将所有文件码放整齐，以确保打孔位置的统一，如果文件过厚可分多次完成打孔。将码放整齐的文件放入打孔机打孔口中，按下扳手完成打孔，如图3-5所示。打完孔的印刷品效果如图3-6所示。

在打孔中，可连带胶片一起打孔，以确保开孔位置的统一。同时，如果需要单独对胶片进行打孔，须在胶片下垫上测试纸，以确保胶片一次性打孔成功。

图 3-5   页面打孔

图 3-6   打孔后成品效果

3.2.4 安装铁环

文件完成打孔后，应按照客户需求挑选不同颜色的铁环进行装订。安装铁环时，应将铁环向下插入打好的孔中，以确保装订完成后铁环的口与文件封底方向一致，头藏在铁环中，保证文件不至于散开且美观，如图 3-7 所示。

然后放入打孔机的压环装置中，按下把手完成装订，如图 3-8 所示。安装铁环后的成品文件效果如图 3-9 所示。

图 3-7 铁环安装

图 3-8 安装铁环

图 3-9 文件成品效果

项目小结

在制作"铁环装"过程前，应先判定文件是否符合装订形式的限制，然后进行原始文件的裁切，裁切后根据文件厚度分一次或多次进行开孔，注意开孔要距离文件上下两边尺寸一致，装订铁环的时候要反复检查文件顺序并要确保铁环开口在文件背面，头藏在铁环中，保证文件不至于散落及美观。

还应注意以下几点：

1）原始文件出现连图及距离装订口 10mm 出现重要内容，不建议使用"铁环装"；

2）打孔中容易出现开孔距离文件上下两边尺寸不一，应先用测试纸进行开孔；

3）对胶片进行开孔的时候容易出现打不透的情况，可以在胶片下垫测试纸；

4）装订完成后可能出现文件顺序错误，造成浪费，应在裁切时注意顺序并在装订时检查顺序。

课后练习

制作 A4 尺寸"铁环装"书册一本，页数为 8 页。

项目四 “梳式装”书册装订实训

项目任务

完成 A4 大小的"梳式装"书册一本,掌握裁纸刀、打孔机等机器应用,牢记"梳式装"的使用情况及装订中的注意事项。

通过实训使学生能够快速、准确地判断印刷品能否使用"梳式装"的装订形式,并可以按照行业标准完成"梳式装"装订的整个操作流程,制作出符合要求的"梳式装"装订成品。

使用设备:打孔机、裁纸刀。

重点与难点

注意原始文件中是否有连图,距离装订口 10mm 是否有重要内容,特别注意打孔的时候应使开孔距离上下两边的尺寸一致。

建议学时

8 学时。

4.1　判定文件是否符合装订形式的要求

1)书脊厚度超过 25mm 的不宜制作;

2)书脊厚度低于 5mm 的不宜制作;

3)距离装订口边缘 10mm 内有重要内容的不宜制作;

4)表现连图的不宜制作;

5)内页用纸克重低于 70g 的不宜制作;

6)没有出血的不宜制作。

4.2　"梳式装"书册装订制作

文件判定 → 裁切出血 → 选择胶片 → 打孔 → 安装软环 → 成品

4.2.1　裁切出血

首先,将文件进行数码印刷。一般情况下客户都是制作 A3 或 A4 的"梳式装",而数码印刷都是将文件制作成 A3 尺寸的"半成品",所以要根据客户对尺寸的要求进行裁切。如果需要 A3 尺寸的成品则只裁切出血;如果需要 A4 尺寸的成品则需要先测量 A3 尺寸的"半品"以便将两个拼为一份 A3 印刷品的 A4 印刷品能准确地被断开,如图 4-1 所示。

将两个 A4 尺寸的文件断开后,裁切文件出血,裁切过程中请注意文件页码顺序,不要将两本文件搞混,裁切完成后按页面顺序分批摆放,如图 4-2 所示。

图 4-1　测量 A4 文件

图 4-2　裁切出血

4.2.2　选择胶片

"梳式装"印刷品需要用胶片作为成品封面和封底的保护层，胶片分为高光胶片和亚光胶片两种，高光胶片通透性好，使文件具有直观性；亚光胶片有磨砂效果，使文件具有朦胧美。本书文件采用的是高光胶片，如图 4-3 所示。

图 4-3　选择胶片

4.2.3 页面打孔

"梳式装"书册的装订，要使用打孔机进行打孔操作，如图4-4所示。

"梳式装"打孔前同"铁环装"一样也应先使用测试纸进行试打孔，以保证打出的孔居中分布在页面左侧，即最外端的两个孔距离页面最上和最下的距离相等。

测试完成后即可进行正式打孔，需要注意将所有文件码放整齐，以确保打孔位置的统一，如果文件过厚可分多次完成打孔。将码放整齐的文件放入打孔机打孔口中，按下扳手完成打孔，如图4-5所示。打完孔的印刷品效果如图4-6所示。

在打孔中，可连带胶片一起打孔，以确保开孔位置的统一。同时，如果需要单独对胶片进行打孔，须在胶片下垫上测试纸，以确保胶片一次性打孔成功。

图4-4　打孔机

图4-5　页面打孔

图4-6　页面打孔效果

4.2.4　安装软环

文件完成打孔后,应按照客户需求挑选不同颜色的软环进行装订,本例采用的是白色软环,如图 4-7 所示。

图 4-7　挑选软环

安装软环时,应将软环有齿的一方冲着自己并向上放置在压环装置上,拉下拉手,将软环的齿拉开,如图 4-8 所示。将文件扣放在机器上,使软环的齿条从文件之前打出的孔中穿过。同时,要确保装订完成后软环的口与文件封底方向一致,头藏在软环中,保证文件不至于散开且美观,如图 4-9 所示。

图 4-8　放置软环并拉开齿条

图 4-9　扣放文件

然后按下把手并压实，完成装订，如图 4-10 所示。

图 4-10　"梳式装"成品

项目小结

在制作"梳式装"过程前，应先判定文件是否符合装订形式的限制，然后进行原始文件的裁切，裁切后根据文件厚度分一次或多次进行开孔，注意开孔要距离文件上下两边尺寸一致，装订软环的时候要反复检查文件顺序并要使铁环开口在文件背面，保证文件不至于散落及美观。

还应注意以下几点：

1）原始文件出现连图及距离装订口 10mm 出现重要内容，不建议使用"梳式装"；

2）打孔中容易出现开孔距离文件上下两边尺寸不一，应先用测试纸进行开孔；

3）对胶片进行开孔的时候容易出现打不透的情况，可以在胶片下垫测试纸；

4）装订完成后可能出现文件顺序错误，造成浪费，应在裁切时注意顺序并在装订时检查顺序。

课后练习

装订 A4 尺寸"梳式装"书册一本，页数为 8 页。

项目五　"易扣得"书册装订实训

项目任务

完成 A4 大小的"易扣得"装订书册一本，掌握裁纸刀、打孔机等机器应用，牢记"易扣得"装订的使用情况及装订中的注意事项。

通过实训使学生能够快速、准确地判断印刷品能否使用"易扣得"的装订形式，并可以按照行业标准完成"易扣得"装订的整个操作流程，制作出符合要求的"易扣得"装订成品。

使用设备：打孔机、裁纸刀。

重点与难点

注意原始文件厚度是否超过耗材尺寸，距离装订口 10mm 是否有重要内容，有没有连图，特别注意打孔的时候应使开孔距离上下两边的尺寸一致。

建议学时

8 学时。

5.1　判定文件是否符合装订形式的要求

1）书脊厚度超过 17mm 的不宜制作；

2）书脊厚度低于"易扣得"3mm 的不宜制作；

3）装订边尺寸超出耗材尺寸的不宜制作；

4）距离装订口边缘 10mm 内有重要内容的不宜制作；

5）表现连图的不宜制作；

6）没有出血的不宜制作。

5.2　"易扣得"书册装订制作

5.2.1　裁切出血

首先，将文件进行数码印刷。一般情况下客户都是制作 A4 的"易扣得"装，而数码印刷一般都是将文件制作成 A3 尺寸的"半成品"，所以要根据客户对尺寸的要求进行裁切，需要先测量 A3 尺寸的"半成品"，以便将两个拼为一份 A3 印刷品的 A4 印刷品能被准确地断开，如图 5-1 所示。

图 5-1　测量 A4 文件

将两个 A4 尺寸的文件断开后，裁切文件出血，裁切过程中请注意文件页码顺序，不要将两本文件搞混，裁切完成后按页面顺序分批摆放，如图 5-2 所示。

图 5-2　裁切出血

5.2.2　选择胶片

"易扣得"装需要用胶片作为成品封面和封底的保护层，胶片分为亮片和亚片两种，亮片通透性好，使文件具有直观性;哑片有磨砂效果，使文件具有朦胧美。本书文件采用的是亮片，如图 5-3 所示。

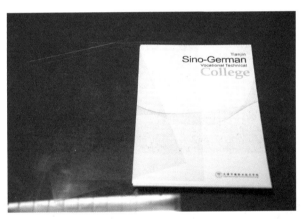

图 5-3　选择胶片

5.2.3　页面打孔

"易扣得"书册的装订，要使用打孔机进行打孔操作，如图 5-4 所示。

"易扣得"装打孔前同"铁环装"、"梳式装"一样也应先使用测试纸进行试打孔，以保证打出的孔可以和扣条一一对应。

测试完成后即可进行正式打孔，需要注意将所有文件码放整齐，以确保打孔位置的统一，如果文件过厚可分多次完成打孔。将码放整齐的文件放入打孔机打孔口中，按下扳手完成打孔，如图 5-5 所示。打完孔的印刷品效果如图 5-6 所示。

　　在打孔中，可连带胶片一起打孔，以确保开孔位置的统一。同时，如果需要单独对胶片进行打孔，须在胶片下垫上测试纸，以确保胶片一次性打孔成功。

图 5-4　打孔机

图 5-5　页面打孔

图 5-6　页面打孔效果

5.2.4 安装扣条

文件完成打孔后，应按照文件需求挑选不同厚度的扣条进行装订，如图5-7所示。

安装扣条时，应将扣条有齿的一方向下扣放在打好的孔中，然后翻转文件，将扣条压实、锁死，确保装订完成后扣条的口与文件封底方向一致，保证文件不至于散开且美观，如图5-8、图5-9所示。

图5-7 挑选扣条

图5-8 扣条安装完成后效果

图5-9 "易扣得"书册成品效果

项目小结

在制作"易扣得"装订过程前，应先判定文件是否符合装订形式的限制，然后进行原始文件的裁切，裁切后根据文件厚度分一次或多次进行开孔，注意开孔要距离文件上下两边尺寸一致，装订的时候要反复检查文件顺序并要使扣条开口在文件背面，保证文件不至于散落及美观。

还应注意以下几点：

1）原始文件出现连图、超过耗材尺寸及距离装订口 10mm 出现重要内容，不建议使用"易扣得"装订；

2）打孔中容易出现开孔距离文件上下两边尺寸不一，应先用测试纸进行开孔；

3）对胶片进行开孔的时候容易出现打不透的情况，可以在胶片下垫测试纸；

4）装订完成后可能出现文件顺序错误，造成浪费，应在裁切时注意顺序并在装订时检查顺序。

课后训练

装订 A4 尺寸"易扣得"书册一本，页数为 8 页。

项目六　"维乐装"书册装订实训

项目任务

"维乐装"书册装订实训项目，需完成以下任务：

1）判定印品能否制作此装订形式；

2）文件出血裁切；

3）装订边打孔；

4）穿钉条；

5）热合钉条；

6）成品检验。

通过实训使学生能够快速、准确地判断印刷品能否使用"维乐装"的装订形式，并可以按照行业标准完成"维乐装"装订的整个操作流程，制作出符合要求的"维乐装"装订成品。

使用设备：裁纸刀、"维乐装"装订机。

重点与难点

1）准确判定印品符合哪种装订形式；

2）正确操作裁纸刀，裁切出血后不露白边；

3）正确使用"维乐装"装订机为书册装订边打孔，孔位距上下页边距离相等；

4）正确使用"维乐装"装订机热合装订钉条，边条要平整，热合条不能有残留物；

5）注意安全保护，避免违规操作。

建议学时

8学时。

6.1　判定文件是否符合装订形式的要求

1）书脊厚度超过25mm的不宜制作；

2）书脊厚度低于5mm的不宜制作；

3）装订边尺寸超出耗材尺寸的不宜制作；

4）距离装订口边缘10mm内有重要内容的不宜制作；

5）表现连图的不宜制作；

6）没有出血的不宜制作。

6.2　"维乐装"书册装订制作

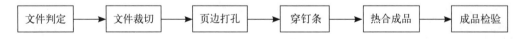

6.2.1　文件裁切与排序

印制好的印稿按照成品的尺寸要求进行裁切，如图6-1所示。裁切时注意校准文件内容与页边的距离，并将裁切好的印稿正确排序，如图6-2所示。

图 6-1　裁切印稿图

图 6-2　校准距离正确排序

6.2.2　文件打孔与热合装订

　　准备好"维乐装"需使用的物料，包括：透明胶片 2 张、维乐钉条 1 对，如图 6-3 所示。使用"维乐装"装订机，在印稿的装订边上打孔，如图 6-4 所示。注意打孔前要将装订机打孔规矩定位设置好，否则会出现孔位不正的情况。打孔时注意不要一次放入太多纸张，否则会出现打不穿的情况，而且会影响刀具的寿命。

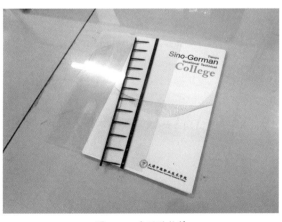

图 6-3　应用的物料

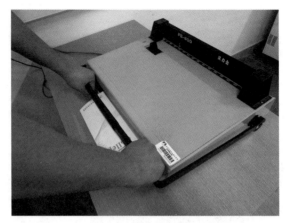

图 6-4 装订边打孔

正确的设定规矩定位后，打出的装订孔距页面上下边缘的距离应该一致，如图 6-5 所示。在装订孔上穿入维乐钉条，注意每个针对应一个孔，不要错位，如图 6-6 所示。

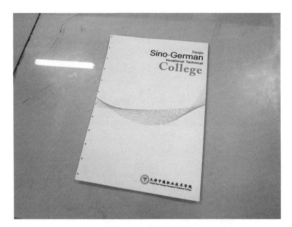

图 6-5 打孔效果

图 6-6 安装钉条

　　将钉插入热熔孔中，压紧压条，这时加热指示灯点亮，开始加热，如图6-7所示。等待指示灯自动熄灭，表示加热完成，双手按压热合手柄，热合装订钉条，如图6-8所示。

　　经过热合后，钉条上多余的钉被热熔后裁切掉，剩余的部分被压成光滑的截面，如图6-9所示。装订完成后钉条边缘光滑整齐，并紧紧扣住上下两个部分，如图6-10所示。翻开内页，页面上的图片和文字应完整展示，不应被边条压住，如图6-11所示。

图6-7　将钉齿放入热熔孔内

图6-8　加压热合钉条

图6-9　热熔钉条效果

图 6-10 完成效果   图 6-11 内页效果

6.3 成品检验

1）打孔要居中，边条不能探出页边；

2）边条要平整，不能弯曲或倾斜；

3）热合条要光滑，不能有残留物；

4）内页图文不能被边条压住影响阅读。

项目小结

制作"维乐装"书册装订前应先判定印稿是否符合"维乐装"的装订限制。现将文件裁切按照出血设定裁切为成品尺寸，注意不要留白边。再使用"维乐装"装订机为书册的装订边打孔，孔位应距页面的上下页边距离相等。穿上钉条，使用"维乐装"装订机热合钉条，完成后热合边条要光滑，无残留物。

还应注意以下问题：

1）裁切出血时会出现由于书册纸张没有码放整齐，裁切后内部的页面出现露白边的情况。排码纸张要尽量整齐，出现白边时要继续进行裁切，直到没有白边；

2）打孔时容易出现孔位距离页面上下两边距离不一致，应先用测试纸进行打孔，试验成功定好位置后再使用成品书册打孔；

3）打孔时纸张过厚会造成打不透的情况，应注意一次放入纸张的数量不要超过装订机的额定值，具体参数参考不同型号的装订机说明书；

4）热合钉条时应注意，如加热时间不够，容易出现热合条上不光滑有残留物的情况，要等热合指示灯熄灭后方表示加热完成，这时再压下热合手柄完成热合。

课后练习

使用"维乐装"形式装订一册 A4 幅面的书册，页数为 16 页。

项目七 "胶装"书册装订实训

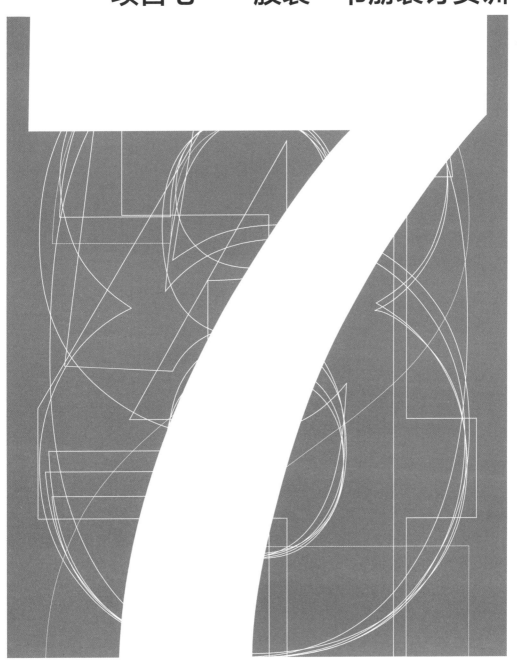

项目任务

将打印好的文件按照"胶装"装订流程制作出一本完整的书册。通过实训使学生快速、准确地掌握"胶装"书册的装订方式，并可以按照行业标准完成"胶装"装订的整个操作流程，制作出符合要求的"胶装"装订成品。

使用设备：覆膜机、手动压痕机、订书机、胶装机、裁纸刀、锤子。

重点与难点

1）学会使用胶装机，明白"胶装"书籍的常用流程；

2）胶装过程中有很多次裁切，要注意裁切出血线的位置；

3）注意封面压痕应包括：书脊压痕及掀书痕。

建议学时

8 学时。

7.1　判定文件是否符合装订形式的要求

1）内页用纸克重超过 157g 亚粉纸、200g 铜板纸的不宜制作；

2）距离书脊边缘 10mm 内有重要内容的不宜制作；

3）成品尺寸低于"夹纸小车"高度（110mm）或超出"夹纸小车"长度（460mm）的不宜制作；

4）书脊厚度少于 5mm 或高于 50mm 的不宜制作；

5）胶装内叠图过多的不宜制作；

6）书脊过薄时，在书脊上添加内容的不宜制作；

7）没有出血的不宜制作。

7.2　"胶装"书册装订制作

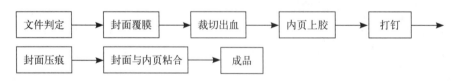

7.2.1　封面覆膜

经过判定后，将符合要求的文件数码印刷，并对印刷后的"半成品"进行"胶装"装订步骤的操作。

首先，由于封面部分长期裸露在外，容易出现磨损，所以需要为封面进行覆膜处理。覆膜工序使用热压覆膜机完成，由于覆膜是双面的，为了防止正反两面的保护膜在工作中粘连在一起，所以在覆膜时，我们要注意将纸张头尾相连的放入覆膜滚筒中，如图 7-1 所示。

覆膜完成后，我们沿着页面的边缘将连接的保护膜裁开，注意不要划伤印刷品，如图 7-2 所示。

图7-1　封面覆膜

图7-2　裁开覆膜

7.2.2　裁切出血

同时，将内页的文件整理好之后，要对除书脊之外的其他三个边的出血量进行裁切，将页面要裁切的一边放置在裁切机的里侧。由于裁切的内页张数形成一定的厚度，为了防止裁切时由于厚度而出现裁斜的问题，可用手扶着书脊裁切的外侧边缘，如图7-3、图7-4所示。

图7-3　裁切出血（a）

图7-4　裁切出血（b）

7.2.3　内页上胶

将所需打印的内页整理好，将页面书脊的一侧按照出血线进行裁切。裁切好出血后，将文件的书脊一侧向下放入胶装机的"夹纸小车"，待装订热熔后对书脊一侧上胶，如图7-5所示。同时，为了保护书脊和内页的最上和最下两页，在书脊一侧包上一张A4纸，然后与内页一同胶装，如图7-6所示。

图7-5　内页书脊上胶

图7-6　书脊上胶后效果

7.2.4　打钉

将胶装好的一边进行加固打钉，如图 7-7、图 7-8 所示。由于书籍有一定厚度，过厚的页数装订可能导致钉子不够牢固，所以在装订后用锤子将装订的钉子砸牢，如图 7-9 所示。然后，将保护书脊外侧装订的 A4 纸撕掉，如图 7-10 所示。

图 7-7　书脊加固打钉

图 7-8　打钉后效果

图 7-9　砸牢钉子

图 7-10　撕掉 A4 纸

7.2.5　封面压痕

将覆完膜的封面准备好，放置在手动压痕机上，用尺子测量一下内页装订的厚度，然后计算出书脊的宽度。将书脊垂直中心线对齐在机器的正中央，按照机器上左右两边的刻度尺测量出两条书脊线，用机器在上面进行压痕，如图 7-11 所示。由于书籍封面会被读者多次翻阅，但封面比内页的纸张要厚，而且胶装书籍都具有一定的厚度，所以为了防止封面在多次翻阅后出现开胶的现象，特将书脊线两侧外 5mm 的位置再做两道掀书痕，以方便封面翻折，如图 7-12 所示。

图 7-11　封面压痕

图 7-12　压痕后效果

把压完痕的封面进行裁切，用钢尺对齐封面一边的边缘线，用刀沿尺子形成的直线将边缘裁掉，然后将压痕的位置折叠压实，如图7-13、图7-14所示。

图7-13　裁切边缘　　　　　　　　　　　图7-14　压实折痕

7.2.6　封面与内页粘合

将上好胶的内页和压痕后的封面同时放在胶装机上，并将封面裁好的一侧与内页对齐，等机器预热好后，将封面与内页粘合，如图7-15、图7-16所示。

图7-15　封面与内页粘合（a）　　　　　图7-16　封面与内页粘合（b）

翻开封面，检查书册的切口一边是否整齐，如个别页数留有白边则需要再次裁切，直到书册任何一页没有白边为止，如图7-17所示。书册的上、下切口也要进行检查和裁切，直到将白边全部裁掉，如图7-18所示。

图7-17　检查书册是否存在白边　　　　　图7-18　裁切白边

7.3　成品检验

最后，整体翻阅一遍书册，进行成品检验，如没有发现任何问题，则"胶装"书册便做好了，如图 7-19、图 7-20 所示。

图 7-19　检查成品质量

图 7-20　完成效果

项目小结

通过整个"胶装"书籍流程的讲解，我们了解"胶装"书籍的制作方法，要通过反复练习来熟练掌握各种装订和裁切工具的使用，并通过经验的积累，更多地了解各种尺寸和厚度的"胶装"书册的装订规律。

还应注意以下问题：

1）如成品是折前口的封皮，应先切裁前口后，再上封皮，裁天头、地脚；

2）胶订内芯厚度大、胶订产品单页 150g 以上或胶版、铜版纸张混装时，上胶后需要打铁钉加固并加白卡纸压边条，一般情况下"胶装"边长在 300mm 以内，打钉数为 2～3 个；

3）封面为 150g 以上的纸，必须先制作书脊压痕和掀书痕（掀书痕应距书脊 8～10mm）。

课后练习

制作一本 A4 尺寸的杂志，页数为 60 页，竖开型。

项目八　"精装"书册装订实训

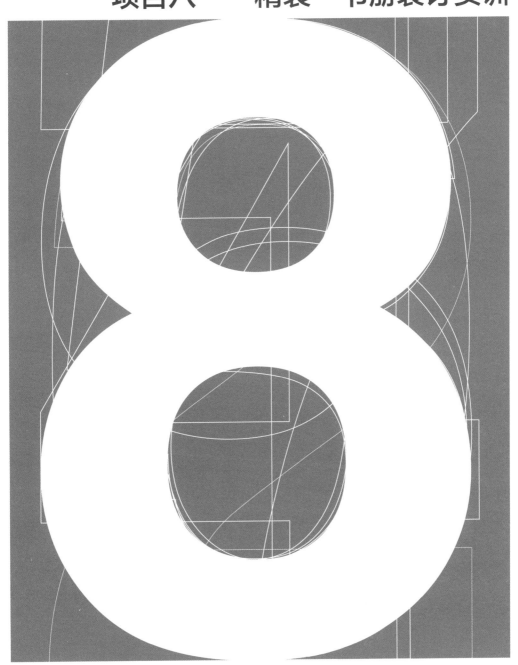

项目任务

将打印好的文件按照"精装"装订流程制作出一本完整的书册。通过实训使学生能够快速、准确地掌握"精装"书册的装订方式，并可以按照行业标准完成"精装"装订的整个操作流程，制作出符合要求的"精装"装订成品。

使用设备：电动压痕机、胶装机、订书机、裁纸刀、锤子。

重点与难点

1）学会使用胶装机，了解制作"精装"书册的常用流程；

2）"精装"书册书壳的制作；

3）"精装"书册书壳与内页的粘接方式。

建议学时

8 学时。

8.1 判定文件是否符合装订形式的要求

1）书脊厚度超过 50mm 或小于 5mm 的不宜制作；

2）表现连图的不宜制作；

3）连版超出承印范围的不宜制作；

4）内页用纸克重超过 157g 亚粉纸、200g 铜板纸的不宜制作；

5）距离书脊边缘 10mm 内有重要内容的不宜制作；

6）没有出血的不宜制作。

8.2 "精装"书册装订制作

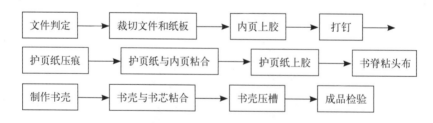

8.2.1 裁切文件和纸板

经过判定后，将符合要求的文件进行数码印刷，并对印刷后的"半成品"进行"精装"装订步骤的操作。

首先，将打印好的内页进行整理，把两页印在同一版面上的文件进行对称裁切，如图 8-1、图 8-2、图 8-3 所示。同时，将作封面需要用到的硬纸板进行裁切，并保证除书脊一边以外的其他三条边均比内页多出 3 ～ 4mm 的飘口，如图 8-4 所示。

图 8-1 整理并对齐内页

图 8-2 裁切内页

图 8-3 内页裁切后效果

图 8-4 裁切硬纸板

8.2.2 内页上胶

将裁切好的书册书脊一侧向下放入胶装机的"夹纸小车"内,待装订胶热熔后即对书脊一侧上胶,如图 8-5、图 8-6 所示。同时,为了保护书脊和内页的最上和最下两页,在书脊一侧包上一张 A4 纸,并与内页一同胶装,如图 8-7、图 8-8 所示。

图 8-5 内页上胶(a)

图 8-6 内页上胶(b)

图 8-7   粘合 A4 纸

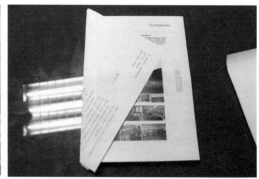

图 8-8   内页上胶后效果

8.2.3   打钉

将胶装好的一侧进行加固打钉，注意为了将书脊订牢，打钉数量为 3 个，打钉方式是将首、尾两个订书钉正向订在书脊上，中间的一个订书钉需反向订在书脊上，如图 8-9、图 8-10 所示。由于书籍有一定厚度，过厚的页数装订可能导致钉子不够牢固，所以，在装订后用锤子将装订的钉子砸牢，如图 8-11、图 8-12 所示。

图 8-9   书脊加固打钉

图 8-10   书脊中间反向打钉

图 8-11   砸牢钉子（a）

图 8-12   砸牢钉子（b）

8.2.4   护页纸压痕

提前准备好护页纸，注意护页纸的尺寸是内页纸面积的两倍，将其放置在机器压痕机上，在纸张的中心线上进行压痕，如图 8-13、图 8-14 所示。

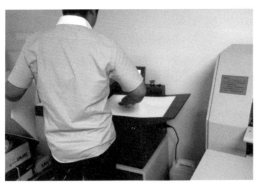

图 8-13　操作电动压痕机

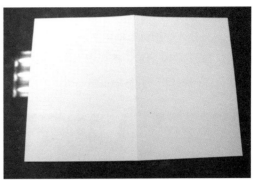

图 8-14　护页纸压痕后效果

8.2.5　护页纸与内页粘合

　　将压痕后的护页纸对折，在胶装后的内页上沿着书脊线正反两面粘上准备好的双面胶，双面胶选择 10mm 宽即可，如图 8-15、图 8-16 所示。然后揭下双面胶，将护页纸的折线边与书脊边对齐，并粘贴在双面胶上；反面亦然，如图 8-17、图 8-18 所示（注：护页纸也可以用硫酸纸代替）。

图 8-15　内页书脊正面贴双面胶

图 8-16　内页书脊背面贴双面胶

图 8-17　护页纸与内页粘合

图 8-18　压实粘合位置

8.2.6　护页纸上胶

先将粘好的护页纸的内页放到裁切机上，按照内页的出血线将除书脊外的其他三边进行裁切，如图 8-19 所示。然后将书芯上的护页纸正背两面分别粘上双面胶纸，并把它与护页纸裁齐，如图 8-20、图 8-21 所示。

图 8-19　裁切内页出血

图 8-20　书芯正面上胶

图 8-21　书芯背面上胶

8.2.7　书脊粘堵头布

将准备好的堵头布一侧粘上双面胶，并用小刀裁下比书脊宽度宽出 2mm 左右的堵头布两块，分别粘在书脊的两端，如图 8-22、图 8-23、图 8-24 所示，自此书芯彻底做好了。

图 8-22　堵头布

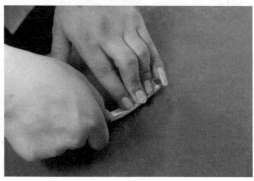

图 8-23　堵头布上胶

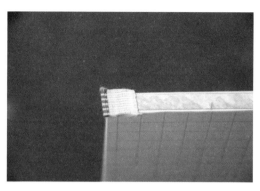

图 8-24　书脊两端粘堵头布

8.2.8　制作书壳

　　计算出封面纸的长和宽，并用小刀和尺子对四边进行裁切，然后将封面纸反面的塑料膜揭下，把之前裁切好的书脊、封面、封底三块硬纸板分别粘贴在封面纸反面，要先粘贴书脊处的硬纸板，并保证上下左右居中对齐，如图 8-25、图 8-26 所示。

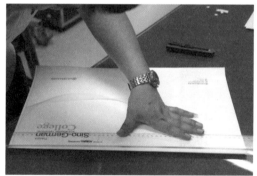

图 8-25　裁切封面　　　　　　　　　　　　　图 8-26　粘贴书脊处的硬纸板

　　然后，将封面和封底的两块硬纸板分别与书脊板对齐，并与书脊板保持 4～5mm 的距离，为的是给相邻的两块纸板垂直对折后所产生的厚度留出距离，如图 8-27 所示。再将封面纸的四角切去，并保证纸边与硬纸板的角保持 1～2mm 的距离，以保证纸板包边的时候不会露板角。为了使封面纸能牢固包住纸板边，所以包纸板四边的距离应留有 15mm 左右，如图 8-28 所示。

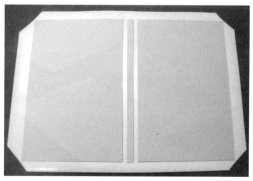

图 8-27　封面、封底硬纸板对齐　　　　　　　　图 8-28　切去封面纸四角

　　把四边向内粘贴牢，如图所示。最后将粘好的封面板对折成书的样子，如图 8-29、图 8-30、图 8-31、图 8-32 所示。

图 8-29　封面纸包裹硬纸板四边

图 8-30　完成包裹四边效果

图 8-31　完成的封面（a）

图 8-32　完成的封面（b）

8.2.9　书壳与书芯粘合

　　将书芯背面的双面胶四边揭开 30 ～ 50mm，揭开的纸边朝外，便于下一步工作，将书芯放在书壳上，三边留出 3mm 的飘口后，将书脊处的双面胶（正背）全揭开，在不动书芯的情况下将书壳合上。（封面与封底平行且垂直）如图 8-33、图 8-34、图 8-35、图 8-36 所示。

图 8-33　书芯与书壳对齐

图 8-34　书芯与书壳的书脊对齐

图 8-35 揭开书芯上双面胶

图 8-36 压实书壳与书芯

8.2.10 书壳压槽

将书壳放入压槽机,在书脊与封面的连接处压槽,如图 8-37、图 8-38 所示。

图 8-37 书壳压槽(a)

图 8-38 书壳压槽(b)

8.3 成品检验

最后,翻开书壳,检查书芯是否粘牢,与书壳是否对齐,翻阅一遍书册进行整体检查,如没有任何问题,则"精装"书册便做好了,如图 8-39、图 8-40、图 8-41 所示。

图 8-39 检验成品书壳

图 8-40 检验成品书芯

图 8-41   "精装"成品效果

后期质量标准：

1）书壳封面平整，不能有凸起，封面图案为垂直不能偏斜，书壳四边要粘实，不能漏胶。

2）书壳大于书芯的飘口尺寸应为 3～4mm，且三边基本一致，误差不大于 ±1mm。

3）书脊粘牢不能掉壳。

4）勾槽压紧、压实平整。

项目小结

通过整个"精装"书册装订流程的讲解，了解"精装"书册的制作方法，要经过反复练习来熟练掌握各种装订和裁切工具的使用，并通过经验的积累，更多地了解到各种尺寸和厚度的"精装"书册的装订规律，以及制作书壳的正确方法。

还应注意以下问题：

"精装"书壳的制作尺寸，以 A4 成品尺寸 210mm×297mm，厚度 10mm 为例：

1）灰板尺寸计算方式

板纸尺寸 =（210mm−1mm）×（297mm+7mm）

小立尺寸 =（10mm+5mm）×（210mm−1mm）

2）书皮尺寸计算

封皮宽度 =15mm+209mm+10mm+15mm+10mm+209mm+15mm

封皮高度 =15mm+304mm+15mm

3）其他配套尺寸

丝带长度：以书的对角长为依据，横翻书丝带须适当减少。

堵头布大小：以书的厚度为依据。

护腰尺寸：宽度 = 书脊厚度 +15mm×2；高度 = 书脊高 −6mm

课后练习

制作一本"精装"的 A4 尺寸的画册，页数为 80 页，竖开型。

项目九 "蝴蝶装"书册装订实训

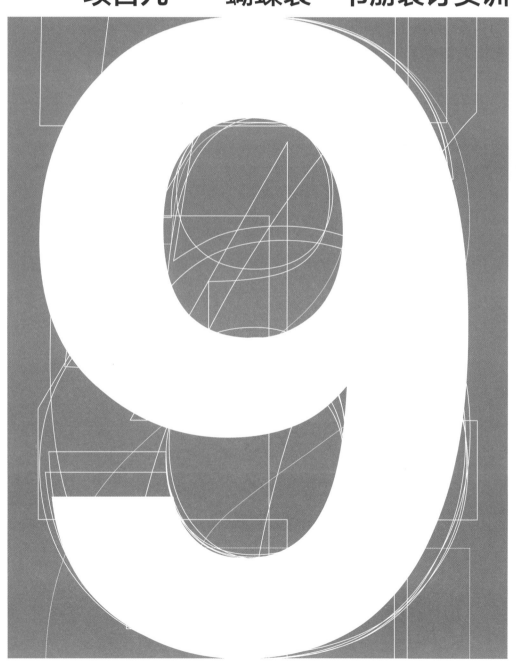

项目任务

"蝴蝶装"书册装订实训项目，需完成以下任务：

1）判定印品能否制作此装订形式；

2）制作书芯（包括：页面压痕、胶装书册前口、书册页面背胶、裁切书册出血、粘贴书签丝带和堵头布）；

3）制作封面（包括：封面覆膜、裱糊封面衬板）；

4）安装书芯；

5）成品检验。

通过实训使学生能够快速、准确地判断印刷品能否使用"蝴蝶装"的装订形式，并可以按照行业标准完成"蝴蝶装"装订的整个操作流程，制作出符合要求的"蝴蝶装"装订成品。

使用设备：压痕机（手动／自动）、胶装机、裁纸刀、冷裱覆膜机、压槽机。

重点与难点

1）准确判定印品符合哪种装订形式；

2）正确操作压痕机（手动／自动），压痕位置准确；

3）正确操作胶装机，胶背整齐；

4）为书册页面背胶时，尽量不要遗漏，背胶后要压紧不出现凸起；

5）正确使用裁刀，裁切尺寸准确，不露白边；

6）封面覆膜完整，无气泡；

7）裱糊封面衬板时不能露出衬板的角；

8）安装书芯要与封面居中对齐，保证上下飘口平均分布；

9）注意安全保护，避免违规操作。

建议学时

8学时。

9.1　判定文件是否符合装订形式的要求

1）书脊厚度大于10mm或少于3mm的不宜制作；

2）书册成品尺寸大于210mm×297mm的不宜制作；

3）文件是否制作出血，没有出血的不宜制作。

9.2　"蝴蝶装"书册装订制作

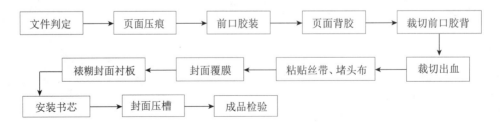

9.2.1 制作书芯

"蝴蝶装"最大的特点就是可以很好地展示跨页图片的效果，每一个跨页的图片不会被裁断，都是以完整的效果进行展示，是十分适合作为画册、影集等书册的装订形式。

1）页面压痕

"蝴蝶装"的印品是以连页的形式单面打印的，每一张连页都是一整张图片或者一个连续的内容。首先要依据连页上设定的"折线"标记进行压痕操作，将一大页折成两小页，注意压痕时有内容的一面要向下，如图9-1所示。全部页面压痕完成以后，需要将页面有内容的一面朝内进行折叠，如图9-2所示。

图9-1　连页压痕　　　　　　　　　图9-2　内容朝内折叠

2）胶装书册前口

将折叠好的页面按顺序整理好，使用"胶装机"在"前口"（翻页的部分）的位置进行胶装，如图9-3所示。

图9-3　胶装书册前口

胶装前口是为了起到固定页面的作用，胶装后书册所有页面的反面，也就是没有内容的一面朝外，如图9-4、图9-5所示。这样做是为了给下一步，页面背胶做准备。

3）书册页面背胶

书册页面背胶一般有两种方法，一种是在胶装前口之前，在每一张页面的背面，裱糊双面胶，然后再胶装前口，揭去双面胶的保护纸，将两个相邻的页面背面粘连到一起。

图9-4   胶装前口后效果

图9-5   胶装前口后内页效果

第二种方法是在胶装前口之后，使用喷胶在页面之间喷涂胶水，如图9-6所示。然后用手压平页面，压平时要向一侧擀压，赶出页面之间的气泡避免出现凸起的情况，如图9-7所示。

图9-6   喷涂胶水

图9-7   擀压气泡

完成背胶后，使用裁纸刀将胶装的前口裁开，如图9-8所示。裁开前口后，书册就可以正常翻页了，如图9-9所示。

图9-8   裁切前口胶背

图9-9   裁切后内页效果

翻开书页检查有漏喷胶水的页面，如图9-10所示。则需要对漏喷的页面进行补喷胶的操作，如图9-11所示。

图 9-10　漏喷胶的内页

图 9-11　补喷胶

4）裁切书册出血

页面背胶全部完成，并检查无遗漏情况后，就要根据成品尺寸要求，裁切书册页面的出血，如图 9-12 所示。裁切出血后的书页效果如图 9-13、图 9-14 所示。

图 9-12　裁切书页出血

图 9-13　裁切出血后内页效果

图 9-14　书芯翻页效果

5）粘贴书签丝带和堵头布

裁切页面出血后，在书芯最外面与封面相邻的两页上平裱上双面胶，如图 9-15 所示。裱好双面胶后，沿书芯边缘裁齐，如图 9-16 所示。

图 9-15　书芯外页铺胶

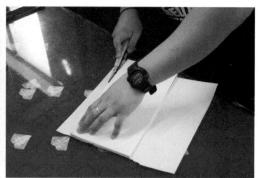

图 9-16　沿书册边缘裁齐

　　揭开书籍一侧的双面胶，粘贴上准备好的书签丝带，如图 9-17 所示。留好适当的长度，一般比书册的长度略长 1.5 ~ 2cm 左右，将丝带中心纵向对折，用剪刀沿 45° 斜角剪开丝带，如图 9-18 所示。

图 9-17　在书籍一侧粘贴书签丝带

图 9-18　沿 45° 剪斜角丝带

　　剪开的丝带应为燕尾效果，如图 9-19 所示。丝带使用效果，如图 9-20 所示。

图 9-19　丝带燕尾效果

图 9-20　丝带使用效果

　　在书脊的两端粘贴"堵头布"，如图 9-21 所示。目的是为了遮挡书脊边缘裸露的页角，如图 9-22 所示。"堵头布"的边缘应探出书脊一点，如图 9-23 所示。

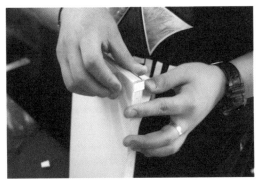

图 9-21 粘贴堵头布

图 9-22 粘贴堵头布后的效果

图 9-23 堵头布应探出书脊一点

9.2.2 制作封面

"蝴蝶装"的封面使用的是硬壳封面,在数码印刷工艺中,一般将画面喷绘在背胶的"pp 纸"上,然后再将"pp 纸"裱糊在裁切成封面大小的"荷兰板"上,制作成封面。

1)封面覆膜

为了使封面不易磨损,首先要将封面覆膜。与铜版纸覆热裱膜不同,"pp 纸"要覆冷裱膜。覆冷裱膜要使用冷裱机完成,如图 9-24、图 9-25 所示。

图 9-24 封面覆冷裱膜(a)

图 9-25 封面覆冷裱膜(b)

2）裱糊封面衬板

先将"荷兰板"裁切为封面成品尺寸，作为硬壳封面的衬板，如图 9-26 所示。裁切好的衬板包括封底、封面、书脊 3 个部分，以及 2 块宽度为衬板厚度 2 倍的窄条，封面、封底与书脊之间"书槽"宽度的标准，如图 9-27 所示。

图 9-26　裁切封面荷兰板图

图 9-27　裁切好的荷兰板

测量封面的长宽，确定粘贴衬板的位置，如图 9-28 所示。揭开封面背面的背胶保护膜，将衬板按顺序粘贴在封面上，如图 9-29 所示。

图 9-28　确定衬板位置

图 9-29　粘贴封面衬板

封面、封底与书脊之间的距离，可使用之前裁切好的窄条进行定位，如图 9-30 所示。定好位后，撤掉窄条，效果如图 9-31 所示。

图 9-30　间距定位的方法

图 9-31　粘贴好衬板的效果

将"pp 纸"的 4 角裁掉，如图 9-32 所示。为保证在后面用"pp 纸"的四边包裹衬板时，不会使衬板的四角露出来，所以裁角时不要紧靠衬板，应拉开一点距离，这段距离的大小为衬板的厚度，如图 9-33 所示。

图 9-32　裁切封面四角

图 9-33　封面裁角不能紧靠衬板

将封面的四边向上折，包裹住衬板，如图 9-34 所示。挤压封面正面，擀出封面与衬板间的气泡，将封面压平，如图 9-35 所示。

图 9-34　包裹封面四边

图 9-35　挤出气泡将封面压平

裱糊好的封面正面如图 9-36 所示。背面如图 9-37 所示。

图 9-36　封面正面效果

图 9-37　封面背面效果

9.2.3 安装书芯

封面和书芯都制作好后,需要将这两个部分安装到一起。将书芯的书脊与封面的书脊对齐,如图 9-38 所示。揭开覆在书芯表面的双面胶,如图 9-39 所示。

图 9-38 对齐书脊   图 9-39 揭开书芯表面的双面胶

合上书册,用力将封面和书芯压实,如图 9-40 所示。使用压槽机将封面上预先留好的"书槽"压实,如图 9-41 所示。

图 9-40 压实封面

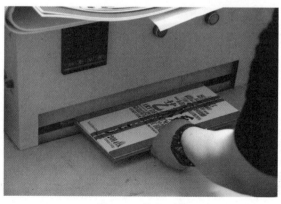

图 9-41 封面压槽

完成压槽后，得到"蝴蝶装"书册成品，如图 9-42 所示。

图 9-42 成品效果

9.3 成品检验

一本合格的"蝴蝶装"装订书册，首先对裱页要平整、流畅，不能起泡、起皱；内页文件要居中，如图 9-43 所示。其次书脊要正且直，规矩要准确，粘接要牢固，如图 9-44 所示。

图 9-43 成品翻开效果

图 9-44 成品封面效果

项目小结

制作"蝴蝶装"书册装订前应先判定印稿是否符合"蝴蝶装"的装订限制。制作书芯时页面压痕要正，胶装前口时胶背要平，书册页面背胶均匀，擀压平整，裁切书册出血不露白边，粘贴书签丝带和堵头布位置正确牢固。制作封面时封面覆膜不能出现气泡，裱糊封面衬板时不可露出衬板边角。安装书芯要与封面居中对齐，粘贴牢固。

还应注意以下问题：

1）由于"蝴蝶装"装订方式的每页之间是对裱的形式，所以页面容易出现起泡、起皱的情况。要求装订人员在背胶对裱后，均匀、及时地擀压页面间的气泡，防止气泡、起皱情况发生；

2）"蝴蝶装"在经过反复翻页后容易出现开胶的情况。要求装订人员背胶时均匀，擀压时用力，粘接要牢固；

3）精装书壳易出现书脊不正，内页文件不居中的情况。要求装订人员在开始装订时制定规矩要准确。

课后练习

使用"蝴蝶装"形式装订一册对页幅面小于 A3 的书册，页数为 8 页。

项目十 "掀盖式"书盒制作实训

项目任务

完成"掀盖式"书盒制作实训，通过实训使学生可以按照行业标准完成"掀盖式"书盒制作的整个操作流程，制作出符合要求的"掀盖式"书盒成品。

使用设备：裁纸刀。

重点与难点

注意包裹内盒壁的纸张在转角处的分割与互相退让，保证盒子的美观。注意掀盖底面与两个书脊之间相互要留 5 ～ 6mm 的间隙，以保证掀盖转折的自如。

建议学时

8 学时。

10.1 判定文件是否符合装订形式的要求

"掀盖式"书盒内盒尺寸须比放在书盒中的书册上、下、左、右四边的尺寸各涨出 2mm，如果涨出尺寸小于 2mm，则书册无法放入书盒；如果涨出尺寸大于 2mm，则书册放入书盒中会出现晃动的情况。

10.2 "掀盖式"书盒制作

10.2.1 裁切纸张准备辅料

一个"掀式盖"书盒由内盒和掀盖组成。内盒分为内盒壁和内盒底，其中内盒壁由四条大小一样长方形荷兰卡纸构成，内盒底为一个矩形，尺寸与这四条荷兰卡纸首尾相连所围成的矩形的内径相等即可。

掀盖由两个盒脊和盒底、盒面构成，其中盒脊的高度与内盒壁相等即可；盒底和盒面的尺寸要比内盒在上、下、右三个方向均涨出一张荷兰卡纸的厚度即可。

同时，为了美观的需求，我们需要使用不同纸张对荷兰卡纸进行包裹。其中内盒需要包裹纸张为 5 张，包括内盒壁 4 张，内盒底 1 张。内盒壁所用纸张每张长为单条内盒壁长度左右各加 2cm，宽为单条内盒壁宽度的两倍加荷兰卡纸的厚度再加 4cm。内盒底的包裹纸张尺寸与内盒底尺寸相等即可。

掀盖的包裹纸张为 2 张，包括掀盖外皮一张，内衬一张。掀盖外皮尺寸长为盒底、盒面及两个盒脊尺寸总和，加上三条拉缝尺寸（每条拉缝尺寸约 5 ～ 6mm），再加 6cm 的包边（左右两边各涨 3cm 包边）；宽度为盒盖宽度再加 6cm 包边（上下两边各涨 3cm 包边），如图 10-1 所示。本例中书盒的表面材料采用写真喷绘 PP 纸。

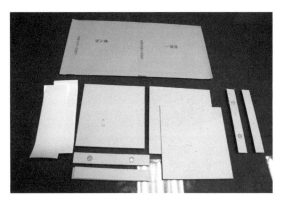

图 10-1 裁切纸张

10.2.2 裱糊内盒

首先将作为内盒壁的一条荷兰卡纸横握，左右居中贴在一张 PP 纸的下方，保证下方有约 2cm 的包边，如图 10-2 所示。

图 10-2 裱糊内盒壁

其次紧贴荷兰卡纸左右两端，立着安放两条作为内盒壁的荷兰卡纸，形成一个半包围的内盒壁，如图 10-3、图 10-4 所示。

图 10-3 半包围内盒壁　　　　　　　　图 10-4 盒壁半包围完成效果

　　依照第一步将最后一块内盒壁粘贴在 PP 纸上，同时将半包围内盒壁的两个活动端紧贴在刚刚完成的最后一张内盒壁的左右两端，注意其四壁应该对齐，以保证围合后，盒壁的平整，如图 10-5 所示。

图 10-5　粘贴最后一块内盒壁

　　完成以上步骤后，将内盒底放入围合的内盒壁中，压实提前预留的包边使内盒底与盒身粘牢，如图 10-6、图 10-7 所示。

图 10-6　粘贴内盒底

图 10-7　压实盒身包边

　　接下来将还没有翻折的 PP 纸翻折进内盒壁并与内盒底固定，保证 PP 纸对内盒壁的完全包裹，起到美观的效果，注意翻折过程中，PP 纸在转角部分的分割方式，以及分割后各个方向的 PP 纸需要互相避让，以达到美观的效果，如图 10-8、图 10-9 所示。

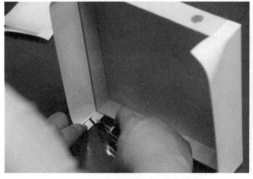

图 10-8　分割盒身转角位置的 PP 纸

图 10-9　翻折粘贴 PP 纸

依照前面的方法将内盒壁的另外两个面使用 PP 纸进行完全的包裹，并在内盒底上同样覆盖 PP 纸，使整个内盒都被 PP 纸完好地包裹起来，形成统一的效果，如图 10-10 所示。

图 10-10　内盒成品

10.2.3　裱糊掀盖

掀盖的制作方法和内盒的制作方法近似，都是使用 PP 纸将按一定规律摆放好的荷兰卡纸进行包裹制作而成的。

首先将最大张的 PP 纸倒扣横放，将荷兰卡纸按盒脊、封面、盒脊、封底的顺序（或相反均可）居中摆放在 PP 纸张中央，并且保证每一部分荷兰卡纸中间留有 5 ～ 6mm 间隙，同时上下、左右各留 3cm 的包边，如图 10-11 所示。

图 10-11　为掀盖摆放荷兰卡纸

使用刀具将 PP 纸的四角斜切为抹角，同时将预留的 3cm 包边向内包裹，包裹顺序为先上、下，后左、右，使整个掀盖被 PP 纸覆盖，如图 10-12、图 10-13 所示。

图 10-12　裱糊 PP 纸并压实

图 10-13　包裹掀盖边缘

另选一张 PP 纸，覆盖在掀盖的封面与封面旁的盒脊的背部，起到遮盖、美化的效果，如图 10-14 所示。

图 10-14　遮盖封面背部

10.2.4 粘贴掀盖及内盒

将方便打开盒子的丝带，自右至左粘贴在盒底居中、靠左三分之一处，同时将内盒盒底及左侧内盒壁贴胶，牢固地居中粘贴在掀盖的盒脊与封底上，完成"掀盖式"书盒的制作，如图 10-15、图 10-16 所示。成品效果如图 10-17、图 10-18 所示。

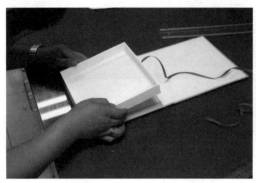

图 10-15　粘贴掀盖及盒底

图 10-16　压实盒脊部分

图 10-17　成品外观效果

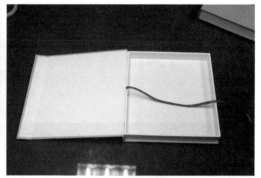

图 10-18　成品内部效果

项目小结

准备若干荷兰卡纸和包裹纸张，裁切为相对应尺寸的内盒壁、内盒底、掀盖面、底和脊等部分。将内盒壁所用荷兰卡纸与包裹纸张相连接，形成一个围边，扣上底面，并注意包裹纸张在转折处的分割与互相避让，保证美观，完成内盒。将最大的包裹纸张平铺，把作为掀盖底、面与脊的荷兰卡纸放到相应位置并对其进行包裹，从而完成掀盖的制作。最后将内盒与掀盖相连接，完成"掀盖式"书盒的制作。

还应注意以下几点问题：

1）注意包裹纸张在包裹内盒壁特别是转角的时候要互相避让，以免造成凹凸不平，影响美观；

2）掀盖的底、面与两个侧脊之间要互相留出 5 ～ 6mm 的间隙，保证掀盖在开合的时候能够自如地转折而不会出现相互挤压的情况。

课后练习

尺寸自拟，完成一个"掀盖式"书盒的制作。

项目十一 "工程叠图"实训

项目任务

"工程叠图"实训项目，需完成以下任务：

1）折叠图纸；

2）打钉装订；

3）页边打孔；

4）穿线装封皮；

5）成品检验。

通过实训使学生能够掌握工程图纸折叠方法的国家标准。能够正确完成"需装订成册存档图纸"和"不需装订成册"两种存档方式的工程图纸的折叠方法和规范。

使用设备：刮板、订书器、打孔机、档案夹封皮。

重点与难点

1）按照装订要求折叠图纸，一般规格为 A4 或 A3；

2）折叠后的图纸图框应露在外面，如要装订还需留出装订边；

3）装订边打孔时应与文件封皮的孔位保持一致；

4）穿线要按照装订要求进行，不要露穿孔位；

5）注意安全保护，避免违规操作。

建议学时

8 学时。

11.1　判定工程图纸的折叠方式

1）折叠后的图纸幅面一般应有 A4（210mm×297mm）或 A3（297mm×420mm）的规格；

2）对于需装订成册又无装订边的复制图，折叠后的尺寸可以是 190mm×297mm 或 297mm×400mm。粘贴上装订胶带后，仍应具有 A4 或 A3 的规格。

11.2　折叠图纸

11.2.1　需装订成册的工程图折叠方法

首先沿图纸的短边方向折叠，将短边折叠为 297mm 的规格，并使用刮板将折痕压齐，如图 11-1 所示。

然后再沿标题栏的长边方向折叠，每一折的宽度都为 210mm 规格，并使用刮板将折痕压齐，如图 11-2 所示。

图 11-1　沿图纸短边方向折叠　　　　　图 11-2　沿图纸长边方向折叠

　　沿图纸长边往复折叠，最后折叠成 A4 的规格，如图 11-3 所示。折到长边尽头时，注意保留装订边，如图 11-4 所示。

图 11-3　沿图纸长边往复折叠　　　　　图 11-4　折到长边尽头保留装订边

　　在折叠好的图纸左上角折出三角形的藏边，使标题栏露在外面，如图 11-5 所示。裁开图纸右下角的折痕，如图 11-6 所示。

图 11-5　在图纸左上角折出三角形的藏边　　　　图 11-6　裁开图纸右下角

　　将裁开折痕的部分向上翻折，使装订边空出来，如图 11-7 所示。为了装订时使图纸左右两边厚度均匀，可以从相反方向折叠图纸，如图 11-8 所示。

图 11-7　翻折裁开部分

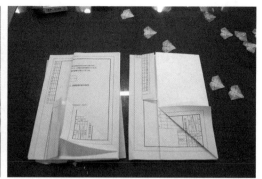

图 11-8　图纸的正反两种折叠方法

11.2.2　不需装订的工程图折叠方法

同折叠需装订图纸的方法一样,首先沿图纸的短边方向折叠,将短边折叠为 297mm 的规格,并使用刮板将折痕压齐, 如图 11-9 所示。然后再沿标题栏的长边方向折叠, 每一折的宽度都为 210mm 规格, 并使用刮板将折痕压齐, 如图 11-10 所示。

图 11-9　沿图纸短边折叠

图 11-10　沿图纸长边方向折叠

沿图纸长边往复折叠,最后折叠成 A4 的规格,使标题栏露在外面,不需保留装订边,如图 11-11 所示。最终效果, 如图 11-12 所示。

图 11-11　往复折叠不需保留装订边

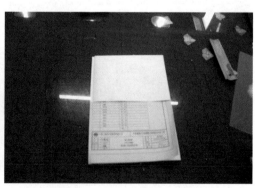

图 11-12　不需装订图纸的折叠效果

11.3　装订图纸

11.3.1　工程设计文件活页装订封面

　　装订存档工程图纸，需使用标准的工程设计文件活页装订封面，如图 11-13 所示。活页封面内部有预留的装订位置，如图 11-14 所示。

图 11-13　活页装订封面　　　　　　　　　图 11-14　活页装订封面内部

11.3.2　图纸装订成册

　　首先，使用两条"荷兰板"，上下夹住图纸上预留的装订边部分，如图 11-15 所示。使用订书器，在装订边的上下各打一个订书钉，如图 11-16 所示。

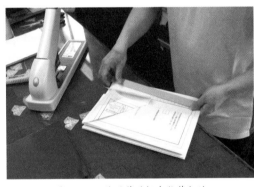

图 11-15　使用荷兰板夹住装订边　　　　　图 11-16　用订书器打钉

　　使用锤子将订书钉敲平，如图 11-17 所示。订好订书钉的图纸如图 11-18 所示。

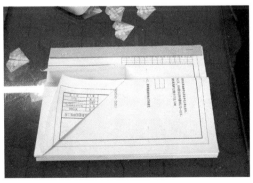

图 11-17　用锤子将订书钉敲平　　　　　　图 11-18　打钉效果

用胶带将图纸装订边的上下端包裹住，如图 11-19 所示。包裹胶带后的效果，如图 11-20 所示。

图 11-19 装订线两端包裹胶带

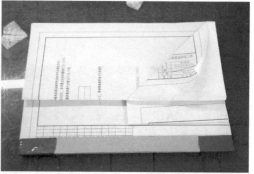

图 11-20 包裹胶带后的效果

将图纸的装订边与活页封面内的装订条对齐，用铅笔在荷兰板上画出装订条上的装订孔位置，如图 11-21 所示。三个装订孔都需画出来，为下一步打孔做准备，如图 11-22 所示。

图 11-21 对齐封面装订条

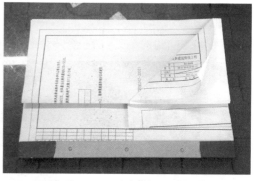

图 11-22 画出装订孔位置

使用打孔机，按照之前画好的装订孔位置打孔，如图 11-23 所示。打好孔后，使用穿线锥子，将装订线传入装订孔内，如图 11-24 所示。

图 11-23 使用打孔机按孔位打孔

图 11-24 使用锥子穿装订线

穿好装订线正面效果如图 11-25 所示。背面效果如图 11-26 所示。

图 11-25 穿线正面效果

图 11-26 穿线背面效果

将两个线头交叉穿入中间的线圈中,如图 11-27 所示。结成蝴蝶活扣,如图 11-28 所示。

图 11-27 将装订线收紧并结扣

图 11-28 结扣效果

装订后每张图纸翻开后都将标题栏露在外面,如图 11-29 所示。

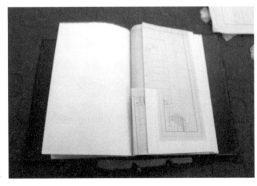

图 11-29 装订完成效果

项目小结

折叠工程图纸前，应先确定图纸的归档方式（装订或不装订），按照指定规格（A3 或 A4）折叠图纸，如需装订留出装订边，并将图框留在最外面。在装订边上使用订书机打钉，固定图纸。装订边打孔前，将装订边与封皮的装订条对准，确定打孔位置。将图纸放在封皮上，用装订线按照要求穿过孔位将图纸与封皮装订在一起，注意不要漏空。

还应注意以下问题：

1）折叠图纸时容易出现折后的规格不是 A4 或 A3 的尺寸。在折叠图纸时可使用一张标准 A4 或 A3 作为参照；

2）折叠完成后，发现图框被折叠到里面了。在折叠图纸时，要牢记一条，从有图框一边的反方向朝着图框一边折叠；

3）装订后图纸与封皮的位置不理想。装订边打孔前，要确认装订边的孔位与封面装订条上的孔位保持一致，并在装订边上做出打孔参照标记。

课后练习

折叠一套图纸，折后规格为 A4，需要装订成册。